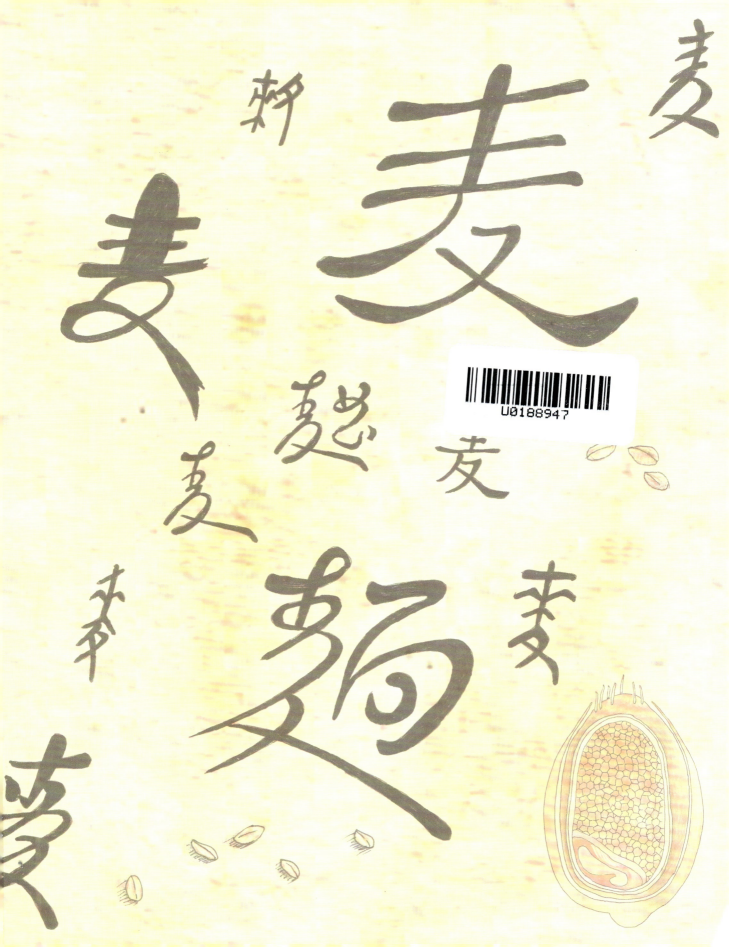

图书在版编目（CIP）数据

麦香四溢 / 王振力著，刘珊珊绘 . — 北京：中国科学
技术出版社 , 2019.5
ISBN 978-7-5046-8159-1

Ⅰ . ①麦… Ⅱ . ①王… ②刘… Ⅲ . ①小麦 – 普及读物
Ⅳ . ① S512.1-49

中国版本图书馆 CIP 数据核字 (2018) 第 225263 号

策划编辑　李　锴　乌日娜
责任编辑　李　锴　乌日娜
装帧设计　中文天地
责任校对　焦　宁
责任印制　徐　飞

出　　版	中国科学技术出版社
发　　行	中国科学技术出版社发行部
地　　址	北京市海淀区中关村南大街16号
邮　　编	100081
发行电话	010-62173865
传　　真	010-62179148
网　　址	http://www.cspbooks.com.cn

开　本	889mm×1194mm　1/16	字　数	45千字　印　张　3.25
版　次	2019年5月第1版	印　次	2019年5月第1次印刷
印　刷	北京盛通印刷股份有限公司	书　号	ISBN 978-7-5046-8159-1 / S·739
定　价	36.00元		

麦香四溢

王振力◎著　　刘珊珊◎绘

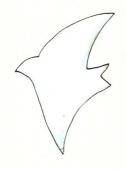

中国科学技术出版社
·北　京·

目 录

故事的开始

我们这个关于小麦的故事，是从悦来和云乐家的厨房开始的。

一个周末，爸爸从乡下带回几株特殊麦穗儿。于是，一家人聚在厨房里……

• 妈妈 •

一家著名美食杂志的资深编辑，认识好多好多美食达人和厨艺高手，特别喜欢做好吃的给大家吃。因为爸爸爱吃面食，妈妈把自己变成了"面食达人"。

• 弟弟云乐 •

5 岁，有强烈的好奇心，一刻也闲不下来，不管什么都想马上亲自动手试试。

7

小麦从哪里来

　　妈妈喜欢追根溯源，她先抬头看了一眼墙上带世界地图表盘的时钟，略一思索，拍了拍手上的面粉，转身进了书房，拿出来一幅大大的世界地图，在大家面前展开。妈妈的一根手指先指向公鸡形状的中国，却并不停留，而是缓缓向左移动，越过喜马拉雅山脉和伊朗高原，穿过里海和波斯湾的中间地带，向着地中海方向划出一个倒挂的月亮形区域，然后点了点头，说："这就是小麦的故乡。大约 1 万年前，住在'新月沃地'的古人类就开始采食野生小麦了。又过了大约 3000 年，人类才成功地将野生小麦驯化成现代小麦。我们现在吃的麦子，就是从那儿来的。"

云乐敏捷地凑到地图跟前，把沾满面粉的小手印儿直接印在了妈妈圈住的月亮上。

9

"麦"字什么意思

爸爸像是为了配合妈妈，在地板上缓缓铺开一幅又大又长的字帖，上面写满了各式各样、不同字体的"麦"字。云乐又忙不迭地趴到字帖折起的一面上，指着其中一个样子像麦穗的字，兴奋地叫起来："这不是小麦嘛！"爸爸点点头，不紧不慢地回答："夏商时期，小麦传入中国。因为是从外国来的，所以隶书中的'麦'字写作'来'；后来在'来'的底下加了个表示晚饭的'夕'字，合起来就是'晚饭吃小麦做的面食'的意思。"

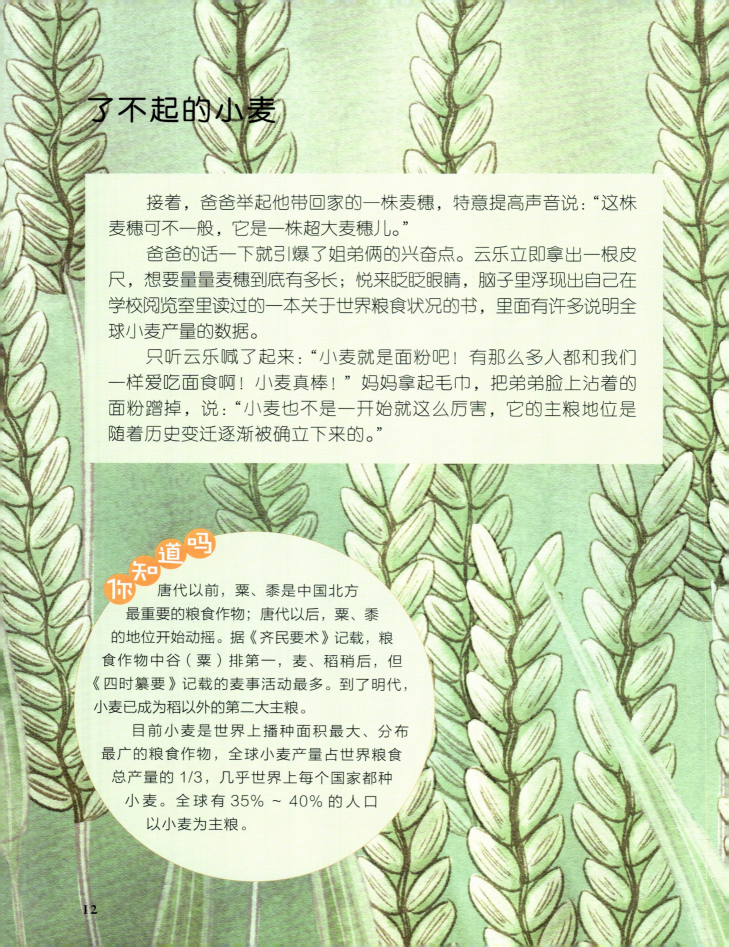

了不起的小麦

接着，爸爸举起他带回家的一株麦穗，特意提高声音说："这株麦穗可不一般，它是一株超大麦穗儿。"

爸爸的话一下就引爆了姐弟俩的兴奋点。云乐立即拿出一根皮尺，想要量量麦穗到底有多长；悦来眨眨眼睛，脑子里浮现出自己在学校阅览室里读过的一本关于世界粮食状况的书，里面有许多说明全球小麦产量的数据。

只听云乐喊了起来："小麦就是面粉吧！有那么多人都和我们一样爱吃面食啊！小麦真棒！"妈妈拿起毛巾，把弟弟脸上沾着的面粉蹭掉，说："小麦也不是一开始就这么厉害，它的主粮地位是随着历史变迁逐渐被确立下来的。"

你知道吗

唐代以前，粟、黍是中国北方最重要的粮食作物；唐代以后，粟、黍的地位开始动摇。据《齐民要术》记载，粮食作物中谷（粟）排第一，麦、稻稍后，但《四时纂要》记载的麦事活动最多。到了明代，小麦已成为稻以外的第二大主粮。

目前小麦是世界上播种面积最大、分布最广的粮食作物，全球小麦产量占世界粮食总产量的 1/3，几乎世界上每个国家都种小麦。全球有 35% ~ 40% 的人口以小麦为主粮。

13

我国古代主要的粮食作物

接着，妈妈在纸上先画了一条长长的轴线，然后按照时间顺序，逐一标出不同历史时期，重要古典著作上对我国古代主要粮食作物的记载。妈妈的图表一目了然……

不过，悦来发现商周以后，麦先被区分为大麦和小麦，到元代又出现了荞麦，于是提出一个问题：荞麦跟大麦和小麦之间是什么关系？

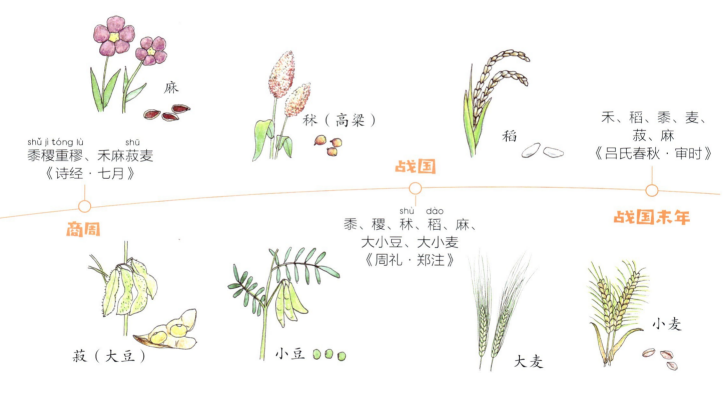

麻

秫（高粱）

稻

禾、稻、黍、麦、菽、麻
《吕氏春秋·审时》

shǔ jì tóng lù　　　　shū
黍稷重穋、禾麻菽麦
《诗经·七月》

战国

战国末年

商周

shù　dào
黍、稷、秫、稻、麻、
大小豆、大小麦
《周礼·郑注》

菽（大豆）

小豆

大麦

小麦

黍 去皮后称"黄米"，比小米稍大，煮熟后有黏性。古代用百粒黍排列起来，取其长度作为一尺的标准，叫黍尺。

稷 稷与黍，一类两种，黏的是黍，不黏的是稷。

重 先种后熟的谷类，早稻。

穋 后种先熟的谷类，晚稻。

禾麻 禾与麻泛指农作物。

菽麦 豆与麦，比喻极易识别的事物，成语"不辨菽麦"。

禾 谷类植物的统称，指粟。

麻 大麻，种子无毒可食，或指芝麻，种子可食用。

菽 豆类的总称。周代时称为菽，秦汉以后称大豆。

秫 黏高粱，有的地区泛指高粱。

稻 有水稻、旱稻之分，通常指水稻，子实称"稻谷"，去壳后称"大米"。

粟 俗称"小米"，古代的粟是黍、稷的总称。穗大、毛长、粒粗的是粱，糯性的粱为秫；穗小、毛短、粒细的是粟。

穄 不黏的黍类又叫"糜（méi）子"。

14

你知道吗

《诗经》中关于小麦的诗句

①贻我来牟，帝命率育，无此疆尔界。

解读：你赐给我们麦种，养育百姓，不分彼此和疆界。说明小麦的重要性。

②爰采麦矣？沬之北矣。

解读：到哪去采麦穗？到那卫国沬乡北。说明卫国种了好多小麦。

③我行其野，芃（péng）芃其麦。

解读：我漫步走在田野上，垄上长满茂盛的麦子。说明当时小麦的种植已经超过了黍和稷。

④九月筑场圃，十月纳禾稼。黍稷重穋，禾麻菽麦。

解读：九月修筑打谷场，十月庄稼收进仓。黍稷早稻和晚稻，粟麻豆麦全入仓。

周子有兄而无慧，不能辨菽麦，故不可立。《左传·成公十八年》

解读：周子的哥哥因为分不清豆与麦，而被拒绝立为国君。说明古代粮食作物极其重要，关系到国家存亡。

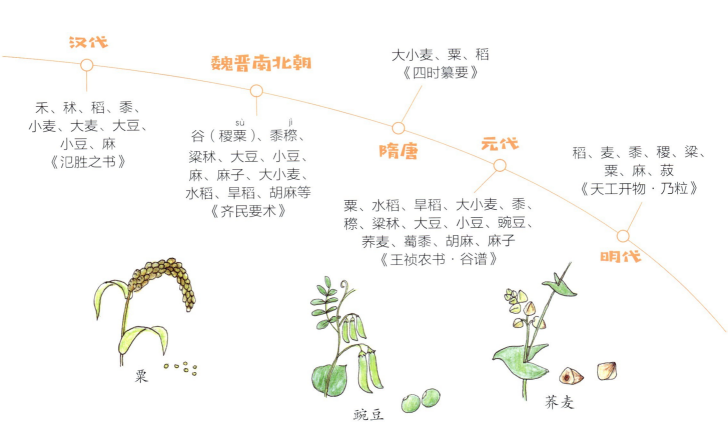

汉代

禾、秫、稻、黍、
小麦、大麦、大豆、
小豆、麻
《氾胜之书》

魏晋南北朝

谷（稷粟 sù）、黍穄、
粱秫（jì）、大豆、小豆、
麻、麻子、大小麦、
水稻、旱稻、胡麻等
《齐民要术》

大小麦、粟、稻
《四时纂要》

隋唐

粟、水稻、旱稻、大小麦、黍、
穄、粱秫、大豆、小豆、豌豆、
荞麦、蜀黍、胡麻、麻子
《王祯农书·谷谱》

元代

稻、麦、黍、稷、粱、
粟、麻、菽
《天工开物·乃粒》

明代

粟

豌豆

荞麦

15

麦类家族的主要成员

　　爸爸亮出了他的标志性动作，胸有成竹地抬了抬眉毛，一看即知，他对悦来关于"麦关系"的问题早有准备。只见爸爸翻开平板电脑，打开一个演示文稿，屏幕上出现了一张饼状图。

藜麦

荞麦

　　荞麦可以做面条、饸饹和凉粉吃，荞麦皮的枕头还有助眠和安神作用。

你知道吗

怎么区分大麦和小麦？

　　大麦的芒很长，和麦穗的长度差不多，小麦的芒相对较短；大麦的外壳难剥下，小麦的外壳易脱掉；大麦的收获期比小麦早；大麦麦粒两头较尖、较细长，小麦麦粒两头较圆、较短；大麦的纤维素含量比小麦高；大麦一般用作啤酒原料或者牲畜饲料，小麦主要用作加工面粉。

大麦　　　　　小麦

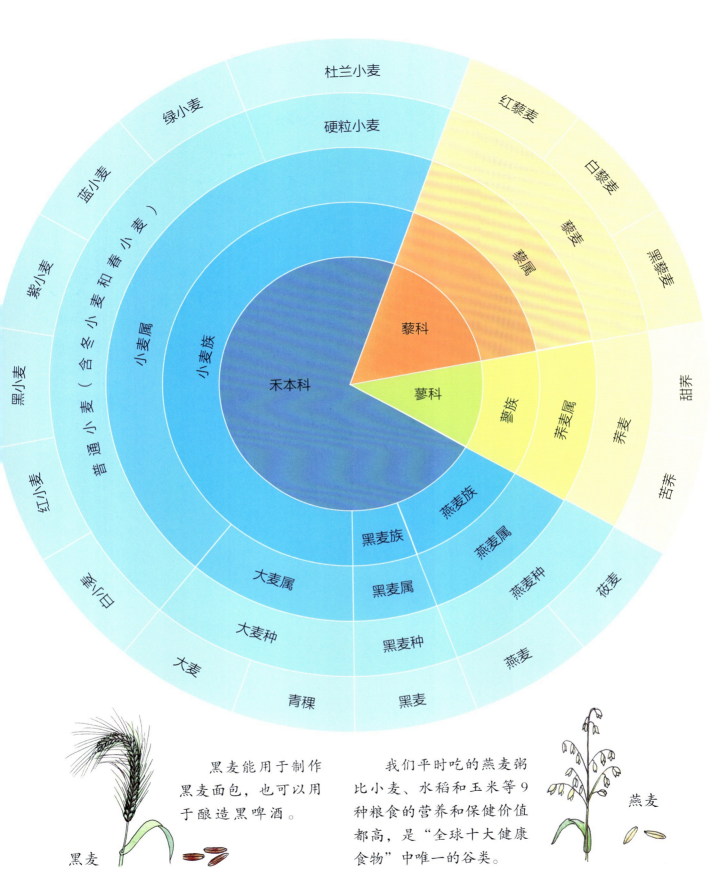

杜兰小麦
绿小麦
蓝小麦
紫小麦
黑小麦
红小麦
白小麦
大麦
青稞
硬粒小麦
小麦属
普通小麦（含冬小麦和春小麦）
小麦族
禾本科
大麦属
大麦种
黑麦族
黑麦属
黑麦种
黑麦
燕麦族
燕麦属
燕麦种
燕麦
莜麦
藜科
藜属
红藜麦
白藜麦
藜麦
圣藜麦
蓼科
蓼族
荞麦属
荞麦
甜荞
苦荞

　　黑麦能用于制作黑麦面包，也可以用于酿造黑啤酒。

黑麦

　　我们平时吃的燕麦粥比小麦、水稻和玉米等9种粮食的营养和保健价值都高，是"全球十大健康食物"中唯一的谷类。

燕麦

小麦大家庭

看到悦来和云乐对小麦的兴趣完全被点燃了，爸爸情不自禁地向上翘了翘嘴角，随即摆上一幅言归正传的神情，继续对姐弟俩科普，说："小麦的品种'光怪陆离'。有兴趣的话，你们能找到各种小麦。"

成熟的麦穗儿上并列排着两排饱满的麦粒儿，头顶顶着尖尖的麦芒，有长的，有短的，还有没芒的呢，也就是长芒麦、短芒麦和无芒麦。麦粒儿的外皮有各种不同的颜色，赤橙黄绿青蓝紫，像节日的彩球儿，有白皮小麦、红皮小麦、紫皮小麦、绿皮小麦和蓝皮小麦。敲开麦壳儿，进到麦粒儿里面，因为胚乳结构的不同，有的软软的，有的硬邦邦，也就是软质小麦和硬质小麦。大部分作物是在春天播种，但小麦既可以在春天播种，也可以在秋天播种，所以有春小麦和冬小麦之分。冬天里小麦像熊和青蛙那样冬眠。

麦世界真是太神奇了！

悦来的思想跟着爸爸的讲述插上了翅膀，飞入她一贯沉醉其中的想象的世界。在那个天地里，悦来看到自己和弟弟像爱丽丝一样变得好小好小，跟瓢虫一起，飞进了五彩缤纷的麦森林……

冬盖三床被，搂着馒头睡

看到姐姐学爱丽丝的样儿将自己变成了麦粒儿那么小，云乐也不甘示弱，一把拽住爸爸的衣襟，越过城市的高楼与时间的阻隔，降落在漫天飘雪的冬睡中的田野。

雪下得好大啊！冬小麦静静地沉睡在厚厚的雪被子下面。

对农谚里的"瑞雪兆丰年"和"冬天麦盖三层被，来年枕着馒头睡"，爸爸解释道："冬天，雪花在大地上落了厚厚的一层，就像给麦苗儿捂上暖和的被子。等到了春天，气温渐渐上升，融化的雪水渗入泥土里，让从沉睡中苏醒过来的麦苗儿，尽情地喝个饱，好有力气萌芽、长大。"

云乐拍拍沾满白雪的棉手套儿，哈着白气回应道："爸爸，爸爸，我知道，这就是冬小麦了！"

21

麦 地

作者：海子

吃麦子长大的
在月亮下端着大碗
碗内的月亮
和麦子
一直没有声响
和你俩不一样
在歌颂麦地时
我要歌颂月亮
月亮下
连夜种麦的父亲
身上像流动金子
月亮下
有十二只鸟
飞过麦田
有的衔起一颗麦粒
有的则迎风起舞，矢口否认
看麦子时我睡在地里
月亮照我如照一口井
家乡的风
家乡的云
收聚翅膀
睡在我的双肩
……

"瑞雪兆丰年"说得一点儿也不假。

帮冬小麦盖好雪被子以后，云乐和爸爸冻得手脚全都麻木了，半天缓不过劲儿来。这时候，云乐恨不得一下子飞到丰收的麦地，在厚厚实实的麦垛上摊开四肢，拥抱麦香四溢的世界。

谜题

你能体会海子诗中的意境吗？

小麦种子的结构

这时候，悦来推了推沉浸在无边遐想中的云乐，打趣地说："这可不是你的常态。"

此时悦来已将注意力转到"小麦是怎样长成的？"这个新问题上。她想起暑假在自然博物馆小实验课上，老师教大家用显微镜观察植物种子结构的经历。微观世界的小宇宙再次激发了她的想象力。悦来想钻进小麦种子里面一探究竟。

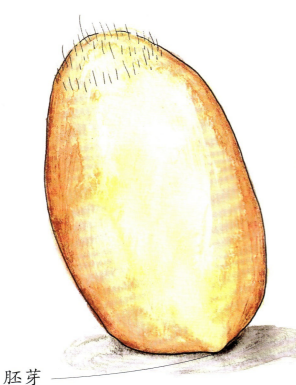

胚芽

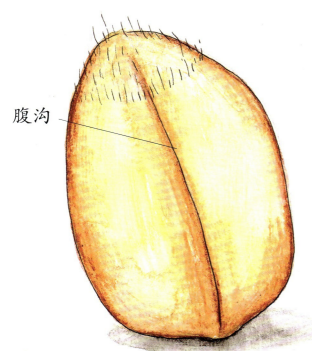

腹沟

小麦种子外边裹着硬硬的壳，头顶长着细小的绒毛，翻来覆去，像个谜团。

云乐被姐姐从神游境界拉了回来，不等姐姐再次开口，率先举起手来，说时迟那时快，云乐以手代刃，意念刚生，种子竟然顺着他做刀削的手势，从正中间被齐齐剖开了，干干脆脆地把"内脏"全都亮在姐弟面前。

果毛（冠毛）

糊粉层

胚乳

麸皮

种皮

颖壳

胚

胚芽

你知道吗

小麦籽粒不同成熟阶段的特征

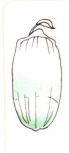

乳熟期：授粉后 15~18 天，籽粒快速增长，胚乳细胞中淀粉体迅速沉积淀粉，并不断分化形成新的淀粉粒。

蜡熟期：含水量下降至 30% 以下，籽粒的干物质积累量达到最大，是生理成熟期。籽粒变硬，用指甲掰不开。此时收获最佳。

完熟期：含水量下降至 15%，植株变成秸秆，籽粒中的干物质停止积累，籽粒体积缩小。

麦子的前世今生

　　小麦种子向姐弟俩完美展示了自己的身体，伸了伸懒腰，瞅见悦来和云乐一脸没吃饱饭的神情，种子做了一个"狂妄"的决定："索性来个前世今生的表白吧。"

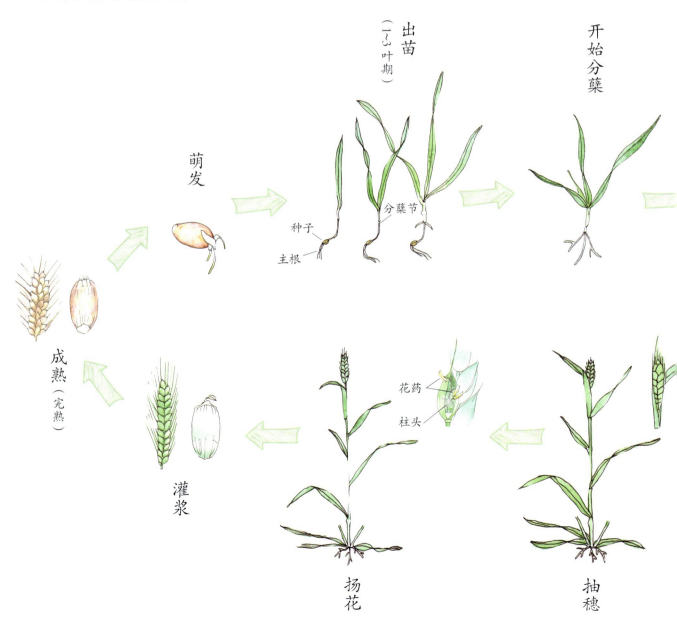

出苗
（1～3叶期）

开始分蘖

萌发

种子
主根
分蘖节

成熟（完熟）

灌浆

扬花

花药
柱头

抽穗

最神奇的分蘖

　　一粒树的种子，通常只能长成一棵树；而一粒麦子，通过分蘖往往能够长出十几甚至几十个分支。小麦分蘖"一分三，三分九"，可以从一粒种子长成枝繁叶茂的麦丛，进而结出许许多多的麦粒。

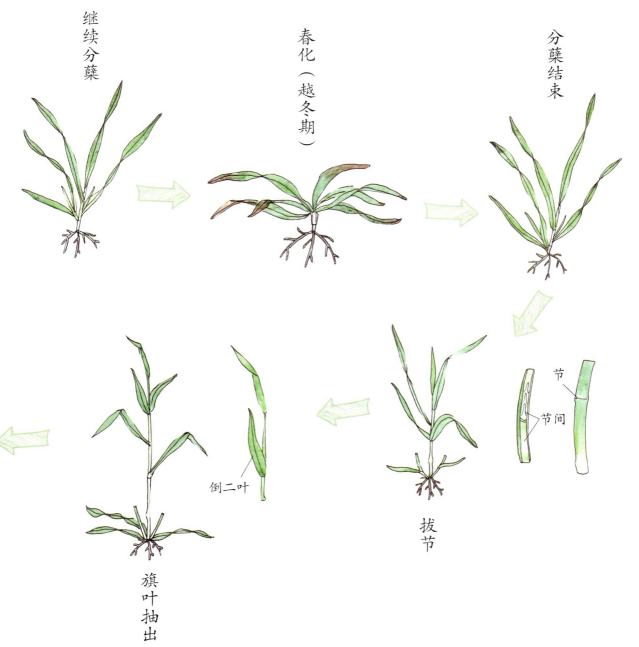

继续分蘖

春化（越冬期）

分蘖结束

节

节间

倒二叶

拔节

旗叶抽出

麦根长又长

爸爸在一旁静观多时，看到姐弟俩使出浑身解数，要对小麦追根究底，就差"掘地三尺"了。想到这里，爸爸对悦来和云乐说："只有麦根扎得深，麦穗才能长得实。"这下又唤起了二人的好奇心：小麦埋在地底下的部分什么样？

于是，他们驰骋想象力钻入地底，学科学家的样子，亲手做了一回观测实验。这又发挥了云乐爱动手和大胆尝试各种新鲜事物的性格特点。

你知道吗

小麦的根系在地下通常都能长到 100 ～ 130 厘米，最深的长达 200 厘米。

小麦的根系极其发达。

一位科学家做了个有趣的实验：为一株小麦提供很好的生长条件，在精心的培养下，这株小麦根得到充分生长。等到结出麦粒，科学家统计小麦根系时发现，根系竟由 1400 万条根组成，这些根加在一起总共长 600 千米，有从北京到辽宁锦州那么远；这些根一共长了 150 亿条根毛，加在一起总共长 1 万千米，可以在地球上把北京和巴黎连接起来。

亲手榨杯小麦汁

　　云乐跟姐姐做完麦根长度测量实验，接着就想亲自种植小麦了。他们听爸爸说，日本和中国台湾的妈妈们喜欢自己在家里种小麦草榨汁喝，既保健又美容。云乐想："何不自己种小麦苗榨汁呢？"悦来建议跟爸爸要些专用的种子。于是，姐弟俩说干就干，在爸爸的指导下，三个人悄悄算好日子成功榨出了第一杯新鲜小麦汁，这一天正好是母亲节！

谜 题

　　你知道母亲节是哪一天吗？你是否愿意为妈妈亲手榨杯小麦汁？

母亲节快乐！

爸爸教悦来和云乐这么做

❶ 把种子在冷水里泡 6～10 小时。

❷ 在底上有小洞洞的盘子里铺块棉布，上面再铺一层白皱纸。

❸ 等种子吸饱水分，洗净、沥干，铺开在白皱纸上；上面再铺一层纸巾；喷湿到盘底不再漏水。

❹ 放在避风的阴处，每天喷几次水。

❼ 等小麦苗长到 10 厘米左右剪下。

❽ 冲洗干净，榨成汁。记住，榨好了马上喝，越新鲜越好哦！

❻ 这样等发芽后，将种子移到容器里面。

❺ 第三天掀开纸巾，把盘子搬到有阳光但不被直射的地方。

芒种麦收甜蜜蜜

　　母亲节过去不久，全国小麦产地陆陆续续进入麦收时节。每年芒种快到的时候，妈妈都会跟悦来和云乐讲她熟悉的麦收故事："家乡的麦收时节——遍地金黄色，空气中弥漫着麦子熟透的香气儿，脚底板儿踩着鼓胀的麦穗儿，身下睡着厚厚的麦堆儿，别管地里的活儿多么忙，谁都感觉不到累，人人脸上笑嘻嘻的……汗水湿透了衣裳、麦芒刺红了胳膊、扁担压肿了肩膀，全都浑然不觉。赶牲口的吆喝声夹着孩子们的笑喊声，天上飞舞着扬撒的麦粒儿——满满的幸福滋味儿！"

　　妈妈书桌前的墙上挂着一幅年画，画的就是《芒种麦收忙》，悦来和云乐盯着画面仔细瞧，想象着丰收的热闹与欢腾，感觉自己变成了画里的人物：一会儿拾起失落在泥土中的麦穗儿，手拉手笑个不停；一会儿又爬上高高的麦垛，躲在上面悠闲地向下俯视着忙碌的人群；一会儿又急忙端起簸箕运麦子，融入不知疲倦的劳碌乡邻中……

　　麦收的场面热闹极了，妈妈数了数，有收割的、打捆的、拉运的、脱粒的、堆麦垛的、扬场的、晾晒的和储藏的，姐弟俩也好像一样一样地在画中体验了个遍。

农耕工具认一认

犁

簸箕

独轮车

杆秤

升

斗

耧

石磙

石磨

缸

在妈妈的书桌前出神一番之后，姐弟二人感觉还是不过瘾，反倒跃跃欲试起来。悦来一改平日的斯文，率先找到家里种花的小铲子，云乐跟着拎起松土的小耙子，争相要爸妈带他们参加麦收嘞。妈妈和爸爸彼此会心一笑，姐弟俩的反应都在他们的意料之中。爸爸先说："你们先认认麦收常用的工具吧，免得到了乡下两眼一抹黑。"

妈妈又说："虽然现在早已采取机械联合作业了，但很多小型农庄仍部分保留了传统的农耕方式，作为农旅项目吸引着城市的游客。"

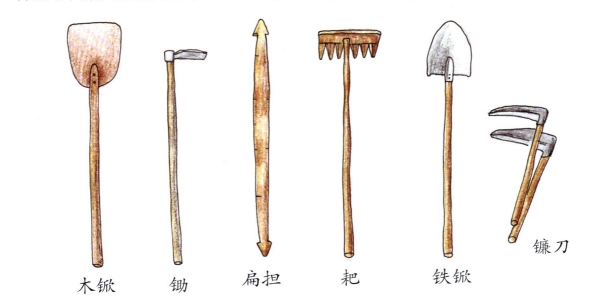

木锨　　　锄　　　扁担　　　耙　　　铁锨　　　镰刀

粮仓

转眼间，爸爸开车来到他负责推广小麦品种的一处田野，一家人住进了爸爸工作时居住的一个农庄。爸爸推起石磨，说："小麦收获以后要放一段时间（我们称为'后熟'），磨出的面粉吃起来才好。"妈妈顽皮地学古人的法子，点起火堆，烤麦穗儿吃。

你知道吗

居住在新月沃地的原始人就是用火烤麦穗吃的。小麦传入中国以后，古人像蒸小米饭那样蒸麦饭吃。粒食小麦的口感不好，人们都不喜欢。等发明了石磨，人们学会把小麦磨成面粉，做成各种各样好吃的面食。于是，小麦受到广泛的欢迎，迅速成为主粮。

石磨推动面食发展

神奇麦手作

　　一家人亲身体验了麦收和磨面，在农庄里的其他闲暇时光也同样充满了麦趣儿。爸爸用面粉加水调成面糊，将面糊涂抹到缠了彩线的气球上，等面线风干成形后，将气球里的气放掉，取出面线，五颜六色的面水彩线就做好了。爸爸把它们挂到院子中的树上，把庄上的孩子和妈妈们都招来了。悦来对处理过的麦秆进行剪裁，粘贴成画，上面的花鸟、动物栩栩如生。云乐把麦秆编成草帽辫，供妈妈编制花瓶和草帽。

"面粉达人" 教你做

　　对着全家人亲手收获并磨制的新鲜面粉，妈妈露出了满意的笑容。作为美食杂志的资深编辑，她对"无面不成食"方面的见解很深，她说："要想做出好吃的面食，用对面粉最重要。"

　　妈妈说："学做面粉达人，首先要亲手和面和发面。"

　　云乐喜欢吃弹弹的面筋，他滚动着乌溜溜的眼珠，想：自己亲手做上一碟子面筋，应该很酷吧！

和面、醒面

　　人们根据面粉中蛋白质的含量和面筋强度的不同，把面粉分为高筋面粉、低筋面粉和中筋面粉，它们分别适用于制作不同的面食。高筋面粉的蛋白质和面筋含量高，延展性和弹性也都高，适合做面包、比萨、面条、饺子和馄饨等；低筋面粉中的蛋白质和面筋含量低，延展性弱、弹性弱，适合做糕点、饼干等；中筋面粉中的蛋白质和面筋含量介于高筋面粉和低筋面粉之间，延展性和弹性各有强弱，适合做中式面点、馒头和包子等。

在妈妈的指导下自制面筋

水中揉面

洗面、过滤

蒸熟、晾凉、切块

　　悦来觉得一小块面团经过发酵，体积变成原来的好几倍，实在神奇。她决定跟妈妈学习发面技术。妈妈说："发面的要领在于，通过巧妙地运用酵母、水、盐和鸡蛋使面团膨大适度，松软宜人。"

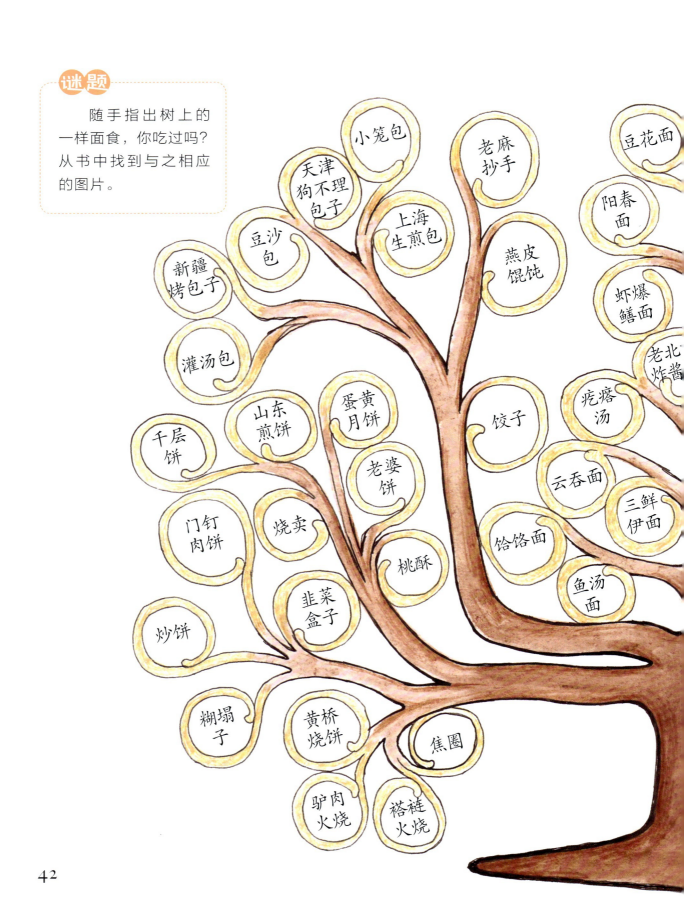

谜题

随手指出树上的一样面食，你吃过吗？从书中找到与之相应的图片。

豆花面

小笼包

老麻抄手

阳春面

天津狗不理包子

上海生煎包

虾爆鳝面

豆沙包

燕皮馄饨

老北炸酱

新疆烤包子

灌汤包

蛋黄月饼

饺子

疙瘩汤

山东煎饼

千层饼

老婆饼

云吞面

三鲜伊面

门钉肉饼

烧卖

桃酥

饸饹面

鱼汤面

韭菜盒子

炒饼

糊塌子

黄桥烧饼

焦圈

驴肉火烧

褡裢火烧

中华面食荟萃

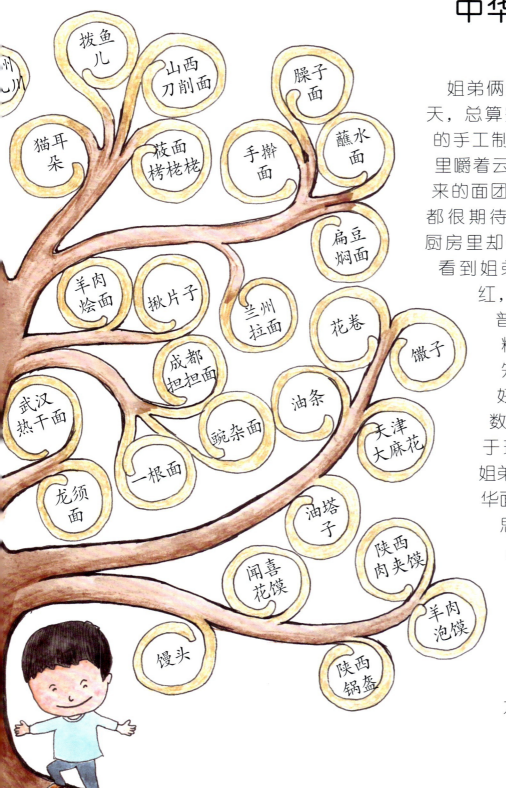

拨鱼儿

山西刀削面

臊子面

蘸水面

猫耳朵

莜面栲栳栳

手擀面

扁豆焖面

羊肉烩面

揪片子

兰州拉面

花卷

馓子

成都担担面

油条

武汉热干面

豌豆面

天津大麻花

一根面

龙须面

油塔子

陕西肉夹馍

闻喜花馍

羊肉泡馍

馒头

陕西锅盔

姐弟俩分头忙活了大半天，总算完成了妈妈布置的手工制面作业。大家嘴里嚼着云乐做的面筋，悦来的面团也发好了，大家都很期待她的新鲜面包。厨房里却一片狼藉，妈妈看到姐弟俩小脸涨得通红，决定先给孩子们普及一下我国博大精深的面食文化知识。大江南北好吃的面食真是数不胜数。为了便于理解，妈妈带着姐弟俩画了一幅"中华面食荟萃"的树状思维导图，还从杂志上找出与之一一对应的美食图片。这棵树完成时已是枝繁叶茂，妈妈却说："这仅是面食界的九牛一毛。"

馒头

花卷

陕西锅盔

闻喜花馍

陕西肉夹馍

馓子

油塔子

油条

焦圈

天津大麻花

上海生煎包

小笼包

灌汤包

桃酥

天津狗不理包子

44

新疆烤包子

山东煎饼

豆沙包

黄桥烧饼

糊塌子

韭菜盒子

蛋黄月饼

烧卖

老婆饼

驴肉火烧

门钉肉饼

褡裢火烧

千层饼

猫耳朵

谜题

找一找，哪些是你喜欢的好吃的面食，用它们装饰自己喜欢的大树。

羊肉泡馍

饺子

燕皮馄饨

老麻抄手
（龙抄手）

莜面栲栳栳

炒饼

臊子面

老北京炸酱面

手擀面

揪片子

拨鱼儿

疙瘩汤

豆花面

山西刀削面

阳春面

蘸水面

虾爆鳝面

杭州片儿川

豌杂面
（重庆小面）

武汉热干面

一根面

扁豆焖面

成都担担面

羊肉烩面

兰州拉面
（清汤牛肉面）

饸饹面

鱼汤面

龙须面

云吞面
（竹升面）

三鲜伊面
（方便面）

谜题

找一找，哪些是你喜欢的好吃的面食，用它们装饰自己喜欢的大树。

47

特色面里的手艺活儿

　　看到孩子们用形形色色的面食图片装饰的漂亮大树，爸爸禁不住馋虫大动。要知道，爸爸可是地道的陕西人，每顿饭无面不欢。

　　据妈妈说，爸爸就是迷上了她做的手擀面，怎么吃也吃不够，才有了今天的悦来和云乐。

　　"哈哈"，妈妈掩饰不住小小得意地说："拜爸爸的馋嘴和编辑工作所赐，我才成了面食达人。"

　　接着妈妈向孩子们绘声绘色地讲述了几样特色面绝活。

　　山西刀削面制作关键在刀削，一手托面，一手拿刀，动作起来"一叶落锅一叶飘，一叶离面又出刀，银鱼落水翻白浪，柳叶乘风下树梢"。

　　"汤清、肉烂、面细"的兰州拉面，制作技艺在抻面，将面坯反复折合对拉而成，七折俗称大拉面，十二折以上则称龙须面。

　　老北京炸酱面的特色在于吃起来"有范儿"。一大堆小菜、酱碟子一起端上桌来，小二在征得顾客同意后现场调配，小碟磕碰的清脆声加上小二的吆喝声"得嘞——您哪！"满满的老北京"谱儿"和"派儿"。

襄阳挂面制作工艺繁复，包括压、卧、盘、架、分、醒、拉、晾、潮、裁和装等，好的挂面细若发丝，绑把成型，携带便利，方便速食，被誉为"方便面的鼻祖"。

广东竹升面制作运用了杠杆原理，将师傅身体弹跳的重力，通过大茅竹竿传至另一端碾压和面，和好的面团受力均匀，特别有劲道。我们常吃的口感弹弹的"云吞面"面条和面皮，都由竹竿压和而成。

黄龙溪一根面制作技艺结合了舞蹈、功夫动作，是一项花式表演技艺。"一碗只有一根面，一锅也是一根面，一根要多长就有多长"，因而又称"长寿面"。

成都担担面主要特色为挑担叫卖，担上锅、火炉、佐料，样样俱全，顾客想怎么调配料就怎么调着吃，服务周到。

西式面点生日汇

　　别看爸爸嗜面（条）如命、妈妈讲起中国传统的面条制作技艺滔滔不绝，悦来和云乐在学校和幼儿园的小伙伴们过生日，必不可少的却都是西式面点——生日蛋糕。悦来的最爱是色彩缤纷的法国甜点马卡龙；而每当妈妈问云乐周末最想吃的是什么，答案永远是各种馅料和奶酪丝拉得长长的意大利比萨。你看，今晚邻居家的优优过生日，又是一场西式面点大聚餐。

饼干

俄罗斯列巴

生日蛋糕

　　爸爸说："中国的面条和欧美的面包都是用面粉做成的。我们的生活离不开小麦。"在这个麦香四溢的夜晚，孩子们幸福地唱起生日快乐歌。

认一认，优优生日派对餐桌上的西式面点，你最喜欢哪样儿？妈妈最爱哪样儿？

（完）

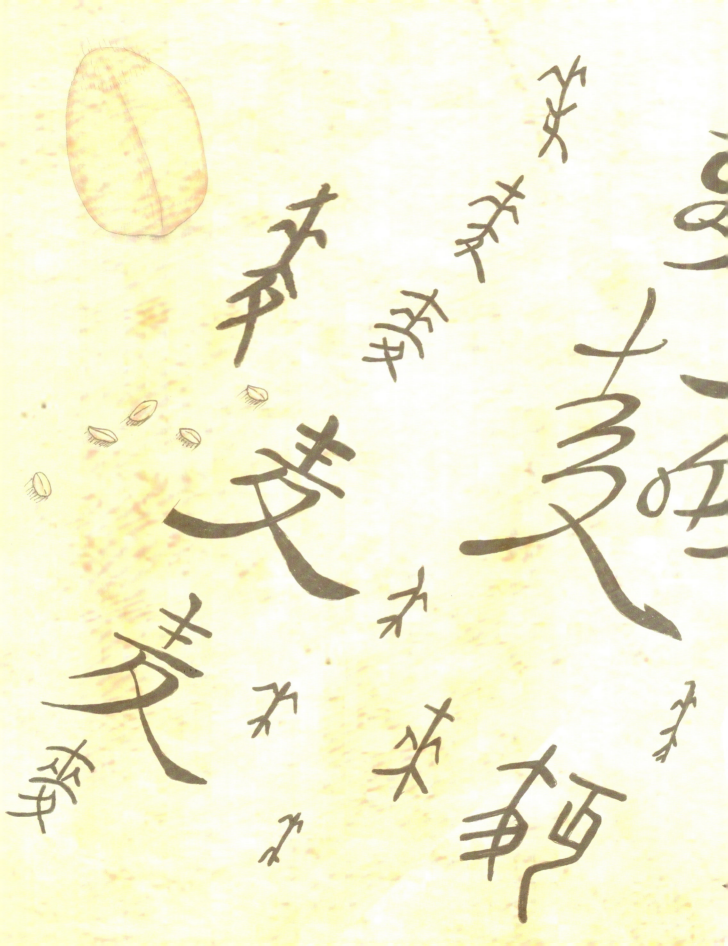